第2章

会議に参加する

第3章

会議を開催する

◎ CONTENTS

第4章

使いやすく設定する

ゼロからはじめる

Google【グーグルミート】
Meet
基本&便利技

リンクアップ 著

技術評論社

ゼロからはじめる

Google 【グーグルミート】
Meet
基本&便利技

リンクアップ 著

技術評論社

● CONTENTS

第 1 章
Google Meet のキホン

第 5 章
便利な機能を利用する

第 6 章
さらに使いこなす

● CONTENTS

第 7 章
スマートフォンやタブレットで利用する

第 8 章

疑問・困った解決 Q&A

第 **1** 章

Google Meetの
キホン

Section

01

Google Meetとは

Google Meetは、Googleが提供するビデオ会議サービスです。無料のGoogleアカウントからでも1時間の会議を制限なく何度でも開くことができ、最大100人まで参加することが可能です。

Google Meetとは

昨今、時間や場所にとらわれずに仕事をする新しい働き方として、「テレワーク」が注目を集めています。テレワークとは「tele」（離れた場所）と「work」（働く）を組み合わせた造語で、最近では2020年の新型コロナウイルス感染予防対策としても、多くの企業で実施されました。

テレワークによる業務の中でよく利用されるのが、インターネット上で会議や打ち合わせなどを行うことができるビデオ会議ツールです。オフィスなどで対面することなく、パソコンの画面上で話し合いを行うことができます。

ビデオ会議ツールはさまざまなサービスが提供されていますが、中でもGoogle Meetは多くの人が利用しています。無料のGoogleアカウントがあれば、パソコンにアプリをインストールする必要もなく、Webブラウザーからすぐに使えるため、おすすめです。

Webブラウザーの種類の縛りもなく、本書で紹介するGoogle Chromeのほか、Mozilla FirefoxやMicrosoft Edge、Apple Safariなどでも利用することができます。

また、Google Meetはパソコンからのほか、スマートフォンやタブレットからでも専用アプリを使って利用することができます。

なお、有料ではありますがGoogleのGoogle Workspaceのアカウントがあると、ビデオ会議中の様子を録画することができるなど、さらに便利に利用できます。

◎ Google Meetの特徴

Google Meetは、パソコンが苦手な人でもすぐに使うことのできるシンプルな画面でビデオ会議が利用できます。複雑な機能もなく、ビデオ会議に最低限必要な機能だけが搭載されているのが特徴です。いずれの機能も利用することで、会議を円滑に進めることができます。

●会議開催の制限なし

ビデオ会議は何度でも開くことができます。また、会議には最大100名まで参加可能です。なお、無料版で開催する会議に招待された人は参加時にGoogleアカウントへのログインが求められます。

●画面レイアウトの変更

ビデオ会議中の画面は、「自動」「タイル表示」「スポットライト」「サイドバー」の4種類の画面レイアウトに変更することができます。「タイル表示」は最大16名が画面内に表示されます。

●画面の共有

パソコンのデスクトップ画面や開いているウィンドウの画面、Chrome画面のいずれかを全参加者と共有することができます。打ち合わせ資料などを全員で確認しながら会議の進行などが可能です。

●セキュリティ

会議中の通信や録画されたデータは、すべて初期状態で暗号化されます。また、乗っ取り防止やセキュアな会議管理機能など不正使用対策機能が組み込まれており、常に安全な状態で会議が行えます。

◎ Googleサービスと連携できる

Google MeetはGoogleサービスの1つなので、ほかのサービスとスムーズに連携ができます。たとえば会議の開催はGmailやGoogle Chat（有料Google Workspaceのサービス）から行うことができ、Google カレンダーからは会議の予約設定ができます。さらに予約設定する際にはGoogleドライブ内のファイルを資料として添付が可能です。また、会議の録画データはGoogleドライブへと自動保存されます。

Section

02

Google Meetを
利用するには

Google Meetを利用するには、無料のGoogleアカウント、または有料のGoogle Workspaceアカウントが必要です。また、ビデオ会議はパソコンやスマートフォン、タブレットといった端末を利用して行います。

第1章 Google Meetのキホン

利用に必須なアカウントを用意する

Google Meetを利用するには、無料のGoogleアカウント、もしくは有料のGoogle Workspaceアカウントのいずれかが必要です。ビデオ会議を行うだけであれば、無料のGoogleアカウントがあれば問題ありません。

なお、アカウントごとにどのような機能が利用できるかについては、Sec.03で解説しているので参照してください。

まだいずれのアカウントも作成していないという場合は、Sec.08でGoogleアカウントの作成方法について解説しています。こちらを参考に、アカウントを作成しましょう。

●Google Meetで必要な利用できるアカウント

・Googleアカウント
・Google Workspace Business Starter
・Google Workspace Business Standard
・Google Workspace Business Plus
・Google Workspace Essentials
・Google Workspace Enterprise

○ パソコンやスマートフォンを用意する

Google Meetでのビデオ会議は、パソコンやスマートフォン、タブレットから行うことができます。外出先からなど、特別な理由がない場合はパソコンから行うのがよいでしょう。

パソコンは、システムやOSについて一定の条件がありますが、現在販売されているほとんどのパソコンは条件を満たしているので、利用することが可能です。

なお、パソコン及びスマートフォンの利用条件の詳細はSec.04、05で解説しているので、確認してください。

●Google Meetで必要な利用できる端末

・パソコン（Windows、macOS、Chrome OS、Ubuntuなど）
・Androidスマートフォン及びタブレット
・iPhone及びiPad

○ 利用できるWebブラウザーを確認する

Google Meetは専用のアプリをパソコンにインストールするのではなく、Webブラウザーからビデオ会議を行います。利用できるWebブラウザーは、下記の4つです。最新バージョンにしておくことが推奨されていることなど、Webブラウザーについて詳しくはSec.06で解説しています。

●Google Meetが利用できるWebブラウザー

・Google Chrome
・Mozilla Firefox
・Microsoft Edge
・Apple Safari

Section

03

無料版と有料版の違いを確認する

Google Meetには無料版、有料版があります。無料版はGoogleアカウントで利用することができ、有料版はGoogle Workspaceの各アカウントから利用可能です。

Google Meet 無料版と有料版

Google Meetは、無料のGoogleアカウント、または有料のGoogle Workspaceアカウントでビデオ会議を利用することができます。Google Workspaceはおもに会社などの組織単位で契約するケースが多く、Google MeetのほかにもさまざまなGoogleサービスを多機能に利用することができます。

なかでもGoogle Workspace EssentialsやEnterpriseは、無料版にはない付加機能がGoogle Meetで利用できます。

なお、無料版でも問題なくビデオ会議サービスをビジネスシーンで利用することはできるので、まずは無料版から利用してみましょう。

●Googleアカウント

1回の会議は最大1時間まで利用でき、開催回数に制限はありません。会議には100名まで参加することができます。画面共有やレイアウト変更、チャットなどが利用できます。

●Google Workspace Essentials

1回の会議は最大300時間まで利用でき、開催回数に制限はありません。無料版で利用できるすべての機能のほか、会議には150名まで参加することができます。

●Google Workspace Enterprise

1回の会議は最大300時間まで利用でき、開催回数に制限はありません。会議には250名まで参加することができます。Google Workspace Essentialsで利用できるすべての機能のほか、ビデオ会議の録画や録画データのGoogleドライブへの自動保存、最大10万人の視聴者へのライブストリーミング配信、キーボードのタイプ音やドアの開閉音などをクリアにするノイズキャンセル機能などが利用できます。

● Google Meetで利用できる機能の違い

無料版及び有料版によるGoogle Meetの利用できる機能について、まとめました。利用する機能によってプランを選ぶようにしましょう。

プラン	Google アカウント	Google Workspace Business Starter	Google Workspace Business Standard	Google Workspace Business Plus	Google Workspace Essentials	Google Workspace Enterprise
料金	無料	680円／月	1,360円／月	2,040円／月	8米ドル／月	要問い合わせ
会議の長さ（最長）	1時間	24時間	24時間	24時間	300時間	300時間
会議の参加人数（最大）	100人	100人	150人	250人	150人	250人
会議の回数	無制限	無制限	無制限	無制限	無制限	無制限
外部ユーザーの招待	○	○	○	○	○	○
自動字幕起こし（英語のみ）	○	○	○	○	○	○
画面の共有	○	○	○	○	○	○
特定ユーザーの固定表示	○	○	○	○	○	○
電話（米国電話番号または国際電話番号）からの参加	×	○	○	○	○	○
ライブ配信	×	×	×	×	×	○
会議の録画とGoogleドライブへの保存	×	×	○	○	○	○
ノイズキャンセル	×	×	×	×	×	○

Section 04 必要な機材を確認する

Google Meetを利用する際に必要な機材について確認しましょう。まず必要なのはパソコンです。利用するにあたりシステムの最小条件やOSについて確認しましょう。また、カメラやマイクもないと利用することはできません。

Google Meetを利用するパソコンの利用条件

パソコンからGoogle Meetを利用する場合、はじめにハードウェアのシステムや搭載されているOSが利用条件に満たしているか、確認しておきましょう。動作する最低条件として、CPUにデュアルコアプロセッサ以上、メモリは2GB以上であることが条件に挙げられています。現在販売されているパソコンのほとんどはこの条件に満たしていますが、念のためパソコンの説明書に記載されている仕様などを確認しておきましょう。

また、OSは最新のバージョンとその2つ前までのメジャーリリースがサポートされています。

●ハードウェアシステムの最小要件

・デュアルコア プロセッサ
・2 GB のメモリ

※利用するGoogle Meetの機能により要件は異なります。システムの最小要件を満たしていればビデオ会議には参加できますが、マルチタスクや高画質動画などには、特定のデバイス要件を満たしているハードウェアの使用がおすすめです（https://support.google.com/meet/answer/7317473?hl=ja）。

Memo 安定した動作でビデオ会議を行うには

画面の共有やGoogle MeetのほかにWebブラウザーのタブやアプリをたくさん開きながらの会議を行うと、さらにハイスペックなシステム要件が求められます。Googleでは、もっとも低スペックでGoogle Meetが利用できる状況として、「少人数（参加者が5人未満）のビデオ通話を「スポットライト」または「タイル表示」レイアウトで行う」ことと、「大人数（参加者が5人以上）のビデオ通話を「スポットライト」レイアウトで行う」ことを挙げています。なお、レイアウトについては、Sec.30で詳しく解説しています。

●利用可能なOS

以下のOSの最新バージョンとその2つ前までのメジャーリリースがサポートされています。
・Microsoft Windows
・Apple macOS
・Chrome OS
・Ubuntu などの Debianベースの Linuxディストリビューション

⊙ カメラやマイクを用意する

Google Meetのビデオ会議には、カメラとマイクの利用が必須になります。最近のノートパソコンにはあらかじめ内蔵されているものが多いですが、デスクトップパソコンなどの中には内蔵されていないものもあります。その場合は、USB端子などに接続できる外付け型のカメラやマイクを購入すると、利用することができます。

BUFFALOのマイク内蔵のWebカメラ（BSWHD06MBK/定価2,660円＋税）。USB端子に接続するだけで利用できる。

 ヘッドセットがあると便利

ヘッドフォンにマイクの付いたヘッドセットや、イヤフォンにマイクが付いたイヤフォンマイクがあると、相手の声が聞き取りやすく、また、こちらが話す声も相手に伝わりやすいため便利です。

BUFFALOのヘッドセット（BSHSHCS100BK/オープン価格）。パソコンのほか、スマートフォンやタブレットでも利用できる。

17

Section 05

利用できるスマホや タブレットを確認する

スマートフォンやタブレットからもGoogle Meetを利用することができます。どのような端末が利用可能なのか、あらかじめ確認しておきましょう。搭載されているOSのバージョンが極端に古くなければ、利用することができます。

スマートフォン・タブレットの利用条件

Google Meetはパソコンだけでなく、スマートフォンやタブレットからも専用アプリをインストールすることで、利用することができます。外出先からでもビデオ会議をすることができるようになり、便利です。

利用できるスマートフォンやタブレットは、Androidスマートフォン及びタブレットと、iPhoneやiPadです。

なお、スマートフォンやタブレットのOSのバージョンによっては、[Meet] アプリの最新バージョンが利用できない場合があります。利用できるかどうか、あらかじめ確認しておきましょう。

●利用可能なAndroidスマートフォン及びタブレット

・Android 5.0 以降

OSがAndroid 5.0以降のスマートフォンやタブレットであれば、[Meet] アプリをインストールして利用することができます。

●利用可能なiOSデバイス

・iOS 12.0 以降

OSがiOS 12.0以降のiPhoneやiPadであれば、[Meet] アプリをインストールして利用することができます。

Memo [Gmail] アプリを利用する場合のOSについて

Google Meetのビデオ会議は、[Meet] アプリを使って主催及び参加するほかに、[Gmail] アプリからでも主催及び参加することができます。

その場合、利用可能なOSのバージョンが以下となります。

・Androidスマートフォン及びタブレット
　Android 6.0以降

・iPhone及びiPad
　iOS 12.0以降

Section 06
利用できるWebブラウザーを確認する

Google Meetはパソコンにアプリをインストールする必要がなく、Webブラウザーから利用します。どのようなWebブラウザーから利用できるか、確認しておきましょう。

利用できるWebブラウザーは4種類

Google Meetは、Google Chrome、Mozilla Firefox、Microsoft Edge、Apple Safariの4つのブラウザーで利用することができます。いずれも最新のバージョンで利用することが推奨されています。

●Google Chrome

Meetと同様にGoogleが提供しているWebブラウザーです。Chrome OSのパソコンに標準搭載されています。Chrome拡張機能を利用することで、Meetをさらに便利に利用することができます。なお本書では、Google Chromeを利用した手順の解説を行います。

https://www.google.com/chrome/

20

●Mozilla Firefox

Mozillaが提供しているWeb
ブラウザーです。アドオン拡
張機能の数が多く、また、メ
モリの使用量が少ないため、
負荷が少なく人気があります。

https://www.mozilla.org/ja/firefox/

●Microsoft Edge

Microsoftが提供しているWeb
ブラウザーです。Windowパソ
コンに標準搭載されています。

https://www.microsoft.com/ja-jp/edge/

●Apple Safari

Appleが提供しているWebブ
ラウザーです。AppleのMac
に標準搭載されています。

https://www.apple.com/jp/safari/

Memo **Internet Explorer 11で利用する場合**

Internet Explorer 11でも利用可能ですが、サポートは限定されています。
また、利用する場合は、Google Video Support Pluginの最新バージョンを
ダウンロードしてインストールする必要があります。可能な限りここで紹介して
いるWebブラウザーをインストールして利用することをおすすめします。

Google Chromeを
インストールする

Google MeetはさまざまなWebブラウザーで利用できますが、Google Chromeを
利用すると、拡張機能が利用できて便利です。あらかじめインストールをしておき、
Google Meetを利用しましょう。

Google Chromeをインストールする

① Google Chromeのダウン
ロード ページ（https://
www.google.com/
chrome/）にアクセスし、
＜Chromeをダウンロー
ド＞をクリックすると、ダウ
ンロードが開始します。

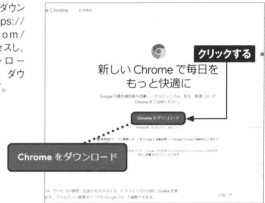

② Windowsの場合は、ダウ
ンロードが完了したら、
＜ファイルを開く＞をクリッ
クします。

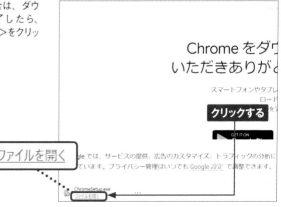

第1章 Google Meetのキホン

③ 「ユーザーアカウント制御」画面が表示されるので、<はい>をクリックします。インストールが開始します。

④ インストールが完了すると、Google Chromeが起動し、ウィンドウが開きます。×をクリックすると、終了します。

Memo MacにGoogle Chromeをインストールする

MacにGoogle Chromeをインストールするには、「https://www.google.com/chrome/」にアクセスし、<Chromeをダウンロード>をクリックして、<Intelプロセッサ搭載のMac>または<Appleプロセッサ搭載のMac>をクリックして<許可>をクリックします。ダウンロードされたgooglechrome.dmgをダブルクリックして開き、Chromeのアイコンを下のフォルダにドラッグします。Dockの<Finder>をクリックし、<アプリケーション>をクリックして、<Google Chrome>をダブルクリックするとGoogle Chromeが利用できます。

Googleアカウントを作成する

Google Meetを無料で利用できるGoogleアカウントを作成しましょう。アカウントを作成すると、GmailやGoogleドライブなど、Google Meet以外のGoogleサービスも利用することができます。

Googleアカウントを作成する

① Googleのトップページ（https://www.google.co.jp/）にアクセスし、＜ログイン＞をクリックします。

② ＜アカウントを作成＞をクリックし、＜自分用＞をクリックします。

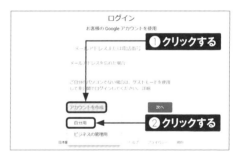

③ 姓と名、利用したいユーザー名とパスワードを入力します。確認のため同じパスワードをもう一度入力し、＜次へ＞をクリックします。

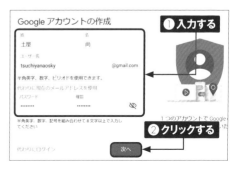

④ 生年月日を入力し、性別を設定して、<次へ>をクリックします。

Google へようこそ

tsuchiyanaosky@gmail.com

電話番号（省略可）

Google では、アカウントのセキュリティ保護に電話番号を使用します。電話番号が他のユーザーに公開されることはありません。

再設定用のメールアドレス（省略可）

アカウントを保護する目的で使用されます

年	月	日
1988	11月	30

生年月日

男性

この情報が必要な理由

戻る　　　　　　　　　次へ

①入力する
個人情報は非公開であり、す
②設定する
③クリックする

⑤ 「プライバシーポリシーと利用規約」を確認し、問題なければ、<同意する>をクリックすると、アカウントが作成されます。

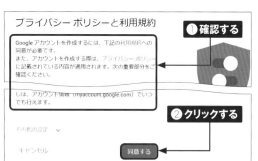

プライバシー ポリシーと利用規約

Google アカウントを作成するには、下記の利用規約への同意が必要です。

また、アカウントを作成する際は、プライバシー ポリシーに記載されている内容が適用されます。次の重要部分をご確認ください。

しは、アカウント情報（myaccount.google.com）でいつでも行えます。

その他の設定 ∨

キャンセル　　　　　　　同意する

①確認する
②クリックする

Memo アカウントのセキュリティを強化する

セキュリティをさらに強化するには、2段階認証を設定しておくとよいでしょう。2段階認証を設定すると、登録した携帯電話宛てに送信されたコードを入力しないとログインができなくなり安全です。なお、設定はGoogleの「2段階認証プロセス」（https://www.google.com/landing/2step/）から行うことができます。

Google 2 段階認証プロセス

ホーム 機能 ヘルプ

**Google アカウントの
セキュリティを強化**

2段階認証プロセスではパスワードと
携帯電話の両方でアカウントを保護
します

必要な理由　　　　仕組

ログインする

Google Meetを利用するため、Googleアカウントでログインしましょう。 なお、同じWebブラウザーでほかのGoogleサービスなどからすでにログインしている場合、改めてGoogleアカウントにログインする必要はありません。

Googleアカウントにログインする

第1章 Google Meetのキホン

(1) Google Meetのトップページ（https://meet.google.com/）にアクセスし、＜ログイン＞をクリックします。

(2) Googleアカウントを入力し、＜次へ＞をクリックします。

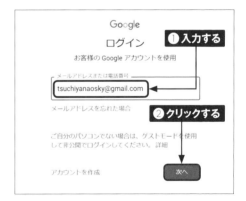

(3) パスワードを入力し、＜次へ＞をクリックすると、ログインが完了します。

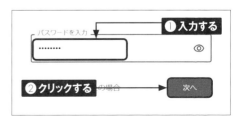

第**2**章

会議に参加する

会議に参加するには

Web会議に招待されたら、早速参加してみましょう。会議へは、Google Meet、Gmail、Google カレンダーの3つの方法から参加することができます。適宜自分が利用しやすい方法から会議に参加しましょう。

● 参加する方法は3つ

Google Meetへの参加は、会議の主催者から会議コードと呼ばれる招待URLをメールやチャットなどで送ってもらう方法と、主催者からGoogle カレンダーでWeb会議の参加を登録してもらう方法の2種類があります。

会議コードを送ってもらう場合は、その会議コードをクリックしてGoogle Meetから会議に参加する方法と、Gmailの画面から会議に参加する方法の2種類があります。

なお、会議の開催方法は3章で解説しています。

●Google Meetから参加

Googleアカウントおよび Google Workspaceアカウントにログイン後、「Google Meet」のトップページで会議コードを入力して「参加」をクリックすると、主催者へ参加をリクエストする画面に進むことができ、参加の承諾を得られると会議に参加できます（Sec.14で解説）。なお、会議コードのURLにアクセスすることでも、参加リクエストの画面を表示することができます（Sec.11で解説）。

●Gmailから参加

「Gmail」からは、画面左にある「Meet」下の「会議を新規作成」をクリックし、会議コードを入力して「参加」をクリックすることで会議への参加ができます（Sec.12で解説）。

●Google カレンダーから参加

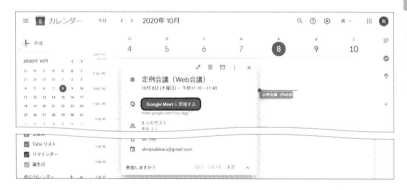

「Google カレンダー」からは、予定の詳細を表示して、「Google Meetに参加する」をクリックすると、会議に参加することができます（Sec.13で解説）。

Memo 参加しやすい方法で参加すればよい

いずれの方法で参加しても、ビデオ会議自体に違いはありません。主催者やほかの参加者からは、どのような方法で参加したのかを知ることはできません。よくGmailを利用している、Google カレンダーから招待されたなど、自分が利用しやすい方法で参加しましょう。

11

URLをクリックして
会議に参加する

メールやチャットなどでGoogle Meetの会議への参加を求められたら、会議コード
と呼ばれるURLをクリックして会議に参加してみましょう。初めて会議に参加すると
きは、カメラやマイク、通知の許可が求められることがあります。

会議コードをクリックして参加する

1 メールやチャットなどで主催者から送られた会議コード（URL）をクリックします。なお、受信メールをHTML表示にしている場合は、表示される<ミーティングに参加>ボタンをクリックします。

2 Webブラウザーで「Google Meet」のトップページが表示されます。初回はカメラとマイクの使用許可についての説明ウィンドウが表示されるので、<閉じる>をクリックします。

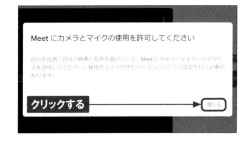

3 画面左上にマイクとカメラの許可が求められるので、<許可>をクリックします。

<table>
<tr><td>④</td><td>画面左上で通知の許可が求められるので、<許可>をクリックします。</td><td></td></tr>
<tr><td>⑤</td><td><参加をリクエスト>をクリックします。</td><td>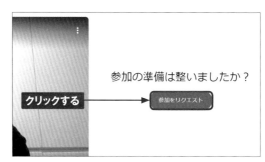</td></tr>
<tr><td>⑥</td><td>主催者が参加のリクエストを承諾するまでしばらく待ちます。</td><td></td></tr>
<tr><td>⑦</td><td>参加のリクエストが承諾されると、ビデオ会議の画面が表示され、会議に参加ができます。</td><td></td></tr>
</table>

Section 12

Gmailから会議に参加する

Googleのメールサービス「Gmail」から、Google Meetのビデオ会議に参加できます。トップページから会議コードを入力するとGoogle Meetが開き、主催者へ参加のリクエストをすることができます。

Gmailから参加する

① 「Gmail」（https://mail.google.com/）の画面で、「Meet」の下にある<会議に参加>をクリックします。

② メールやチャットなどで主催者から送られた会議コード（「https://meet.google.com/」の部分を削除した文字列でも可）を入力し、<参加>をクリックします。

(3) 「Google Meet」のトップページが表示されます。＜参加をリクエスト＞をクリックします。

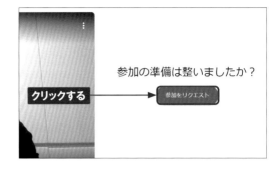

参加の準備は整いましたか？

クリックする → 参加をリクエスト

(4) 主催者が参加のリクエストを承諾するまでしばらく待ちます。

参加をリクエストしています…

参加リクエストが承諾されると通話に参加できます

(5) 参加のリクエストが承諾されると、ビデオ会議の画面が表示され、会議に参加ができます。

Memo Meetの表示がされていない場合

手順①の画面に「Meet」の表示がされていない場合は、画面左下の 👤 💬 📞 のアイコンをクリックすると、表示されます。

クリックする

13 Google カレンダーから 会議に参加する

主催者がGoogle カレンダーからGoogle Meetのビデオ会議を開いたら、参加者はGoogleカレンダーから会議に参加することができます。主催者の参加リクエストの承諾がなくても会議に参加ができます。

Google カレンダーから参加する

1 「Google カレンダー」（https://calendar.google.com/）の画面で、Google Meetのビデオ会議の予定をクリックします。

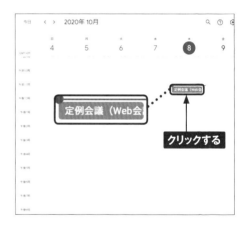

定例会議（Web会

クリックする

2 <Google Meetに参加する>をクリックします。

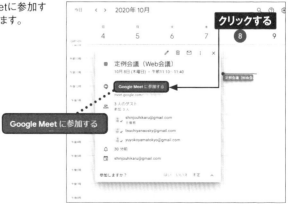

Google Meet に参加する

クリックする

定例会議（Web会議）
10月8日（木曜日）・午前11:10～11:40

Google Meet に参加する
meet.google.com/

3人のゲスト
参加 3人

shinjouhikaru@gmail.com
主催者

tsuchiyanaosky@gmail.com

yuyokoyamatokyo@gmail.com

30 分前

shinjouhikaru@gmail.com

参加しますか？　　　　　はい いいえ 未定

③ <今すぐ参加>をクリックします。Google カレンダーから招待されている場合は、主催者の承認は不要で参加できます。

定例会議（Web会議）

横山悠 さんと 新城光 さんがこの通話に参加しています

今すぐ参加　　画面を共有する

クリックする

④ ビデオ会議の画面が表示され、会議に参加ができます。

Memo まだ誰も会議に参加していない場合

まだビデオ会議に誰も参加していない場合は、手順③の画面で「あなた以外にまだ誰も参加していません」と表示されます。主催者もいない状態ですが、<今すぐ参加>をクリックすると、1人目として会議に参加することができます。

定例会議（Web会議）

あなた以外にまだ誰も参加していません

今すぐ参加　　画面を共有する

Section

14

Google Meetから 会議に参加する

会議コードを受け取ったら、Google Meetからビデオ会議に参加しましょう。Gmail と同じように、会議コードを入力して会議に参加します。主催者が参加リクエストを 承諾すると、会議に参加することができます。

Google Meetから参加する

(1) Googleアカウントおよび Google Workspaceアカウ ントにログイン後、「Google Meet」（https://meet. google.com/）の画面で、 <会議コードまたはリン>を クリックします。

(2) メールやチャットなどで主催 者から送られた会議コード （「https://meet.google. com/」の部分を削除した 文字列でも可能）を入力し、 <参加>をクリックします。

③ ＜参加をリクエス
ト＞をクリックしま
す。

④ 主催者が参加のリ
クエストを承諾する
までしばらく待ちま
す。参加のリクエス
トが承諾されると、
ビデオ会議の画面
が表示され、会議
に参加ができます。

Memo Google Workspaceの場合

Google Workspaceのアカウントを利用
している場合は、手順①のところで＜ミー
ティングに参加または開始＞をクリックし、
会議コード（「https://meet.google.
com/」の部分を削除した文字列でも可能）
を入力して、＜続行＞をクリックします。

Section

15

基本画面を確認する

Google Meetのビデオ会議中の画面構成を確認しましょう。複雑な機能はなく、画面もシンプルな構成となっています。また、同画面から表示することのできる設定メニューの各機能についても、確認しましょう。

◉ ビデオ会議中の画面構成

名称	機能
❶メイン画面	設定した画面レイアウトが表示されます。
❷マイク／カメラ／字幕	クリックするとマイク、カメラ、字幕のオン／オフの切り替えを行えます。
❸画面を共有	全画面表示、ウィンドウ、Webブラウザーのタブの画面共有が行えます。
❹オプション	クリックするとP.39の各種メニューが表示されます。
❺終了	クリックすると会議からの退出、会議の終了を行えます。
❻情報／ファイル	会議の情報やGoogleカレンダーで添付されたファイルが表示されます。
❼参加者	会議に参加しているユーザーが表示されます。
❽チャット	会議中にチャットのやり取りが行えます。

⊙ 設定メニューの構成

ビデオ会議の画面で■をクリックすると、下のような各種メニューが表示されます。それぞれどのような機能なのか、確認しましょう。

名称	機能
❶ホワイトボード	ホワイトボードで説明しながら会議を進めることができます。
❷レイアウトを変更	画面表示を「自動」「タイル表示」「スポットライト」「サイドバー」の4種類から変更できます。
❸全画面表示	パソコンのデスクトップ全体にGoogle Meetを表示します。
❹ビジュアルエフェクトを適用	背景をバーチャル背景に変更したり、ぼかしたりできます。
❺字幕	会話を文字に起こし、字幕で表示ができます（英語のみ）。
❻設定	音声や動画の設定をすることができます。

Memo Mozilla Firefoxの場合

「Mozilla Firefox」では、表示される設定メニューの項目が異なります。「背景を変更」は表示されず、代わりに「カメラを切り替え」が表示されます。こちらはUSB接続の外付けカメラなどに切り替えることができます。

Section

16 マイクを オン／オフにする

会議中に、マイクのオン／オフを切り替えることができます。周りがうるさいときなどに、話をするときだけマイクをオンにすると、耳障りな音が会議に流れなくなります。また、あらかじめ入室前にマイクをオフにしておくこともできます。

● ビデオ会議中にマイクをオフにする

1. ビデオ会議中に、🎤 をクリックします。

クリックする

2. アイコンが 🚫 に変わり、マイクがオフになります。🚫 をクリックすると、マイクがオンに戻ります。

クリックする

3. ほかの参加者の画面には、名前の左に 🚫 が表示され、マイクがオフの状態であることが示されます。

Memo 会議前にマイクをオフにする

ビデオ会議に参加する前のP.31手順⑤の画面で 🎤 をクリックすると、マイクをオフにした状態で会議に参加することができます。

クリックする

17 カメラを
オン／オフにする

ビデオ会議中に、カメラのオン／オフを切り替えることができます。どうしても顔を
出せないときなどは、カメラをオフにして参加するとよいでしょう。また、入室前にあ
らかじめカメラをオフにしておくこともできます。

ビデオ会議中にカメラをオフにする

(1) ビデオ会議中に、□をク
リックします。

クリックする

(2) アイコンが◙に変わり、カ
メラがオフになります。◙
をクリックすると、カメラが
オンに戻ります。

クリックする

(3) ほかの参加者の画面に
は、アイコンのみの画面
が表示されカメラがオフの
状態であることが示されま
す。

Memo 会議前にカメラをオフにする

ビデオ会議に参加する前のP.31手順⑤の画面
で◙をクリックすると、カメラをオフにした状態
で会議に参加することができます。

クリックする

Section

18

チャットでやり取りする

ビデオ会議中に、チャット機能を利用して参加者とメッセージのやり取りをすることができます。メッセージは会議の全参加者が見ることができます。なお、ビデオ会議が終了すると、メッセージのログは消去されます。

ビデオ会議中にチャットをする

(1) ビデオ会議中の画面で、
■をクリックします。

(2) 会議画面の右側に、チャットの画面が表示されます。メッセージ入力し、▷をクリックします。

(3) メッセージが送信されます。

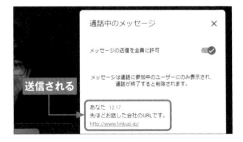

(4) 参加者からのメッセージを受信すると、画面右下にメッセージ内容が表示されます。回をクリックします。

(5) チャットの画面に、受信したメッセージが表示されます。

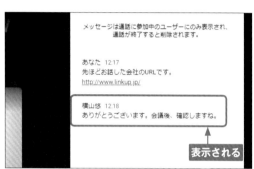

Memo チャットのやり取りは保存されない

ビデオ会議を終了すると、会議中にやり取りしたチャットのやり取りはすべて消去されます。必要な情報などがある場合は、会議中にテキストをメモ帳などにコピーしておきましょう。

Memo Google Chatを利用する

Google Workspaceには、チャット専用のサービス「Google Chat」があります。有料のサービスとなりますが、グループチャットの作成やGoogleドライブとの連携、Googleの高度な検索機能を活かした過去ログの検索など、多彩な機能が利用できます。Google Meetのチャットが不便と感じたら、Google Chatの利用を検討してもよいでしょう。

19

会議から退出する

参加中のビデオ会議から退出するのは、画面下の退出アイコンをクリックします。
クリックすると確認画面は表示されず、すぐに退出となるのでクリックし間違えなどの
ないように注意しましょう。

ビデオ会議から退出する

（1）画面下の📞をクリックします。

クリックする

（2）ビデオ会議から退出されます。

ミーティングから退出しました

ホーム画面に戻る

音声と動画の品質はいかがでしたか？

☆ ☆ ☆ ☆ ☆

ミーティングを安全に開催できます

（3）ほかの参加者の画面左下には、退出した旨のメッセージが表示されます。

表示される

土屋尚 さんがミーティングから退出しました

ミーティングの詳細 ∧

第 **3** 章

会議を開催する

会議を開催するには

Google Meetの参加に慣れたら、今度は自分からビデオ会議を開催してみましょう。ビデオ会議は、Google Meetのほか、GmailやGoogle カレンダー、Outlookから開催できます。

開催する方法は4つ

Google Meetのビデオ会議を開催するには、参加するときと同様の3つの方法（Google Meet、Gmail、Google カレンダー）に加え、Outlookからも行うことができます。

ビデオ会議をスケジューリングせずに今すぐ開催したいという場合は、Google カレンダー以外の方法で会議コードを参加者にメールやチャットで連絡しましょう。その場合、参加者は、主催者に参加のリクエストを許諾してもらう必要があります。

Google Meetのアドインをインストールすることで、Microsoft 365のOutlookからGoogle Meetのビデオ会議を開催することもできます（Sec.24で解説）。

🔲 開催方法により異なる参加のリクエスト

ビデオ会議の開催方法により、招待された参加者の参加リクエストの有無が異なります。
メールアドレスを入力し、招待メールを送付する方法では参加リクエストは不要ですが、
会議コード（URL）を参加者に伝えた場合は、参加のリクエストの承諾が必要です。

●参加のリクエスト承諾が不要の開催方法

・Google Meetでユーザーを招待して開催
・Gmailでユーザーを招待して開催
・Google カレンダーでユーザーを招待して開催
・ビデオ会議中にユーザーを追加して招待

●参加のリクエスト承諾が必要になる開催方法

・Google Meetから会議コードを伝えて開催
・Gmailから会議コードを伝えて開催
・Outlookでユーザーを招待して開催
・ビデオ会議中に会議コードを伝えて招待

🔲 主催者に与えられる権限

ビデオ会議の主催者には、会議を円滑に取り仕切れるよう、会議中に参加者を追加した
り（Sec.25参照）、参加者のマイクをミュートにしたり（Sec.27参照）、退出させたり
（Sec.28参照）することができる権限が与えられます。

●会議中に主催者のみが行えること

・参加者を追加する
・参加者のマイクをミュートにする
・参加者を退出させる

Google Meetから 会議を開催する

ビデオ会議をGoogle Meetから開催しましょう。開催時に、招待したいユーザーに
メールで招待状を送ることができます。また、会議コード（URL）をメールやチャッ
トに貼り付けて送ることもできます。

⬡ Google Meetからビデオ会議を開催する

1 Googleアカウントおよ
びGoogle Workspace
アカウントにログイン後、
「Google Meet」 の画
面で、＜新しい会議を
作成＞または＜会議を開
始＞をクリックします。

クリックする

2 右の画面のようになった
ら、＜会議を今すぐ開始＞
をクリックします。

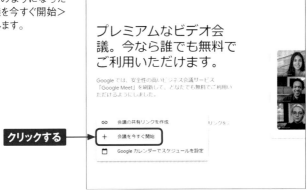

クリックする

(3) ＜ユーザーの追加＞をクリックします。

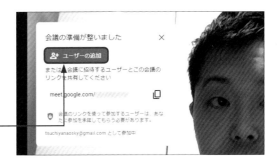

クリックする

(4) ＜名前またはメールアドレスを入力＞をクリックし、会議に招待したいユーザーのメールアドレスを入力し、ユーザーをクリックして、＜メールを送信＞をクリックします。

❶ 入力する

❷ クリックする

(5) 「招待状を送信しました」と表示され、招待メールが送信されます。招待相手がビデオ会議に参加すると、画面に表示されます。

Memo メールやチャットで会議コードを送る

メールやチャットで会議コードのURLを送って招待したいときは、手順③の画面で🗐をクリックすると、会議コードがパソコンのクリップボードにコピーされます。Windowsの場合、キーボードの[Ctrl]＋[V]（macOSの場合は[command]＋[V]）を押すことで、メールやチャットに貼り付けて送ることができます。

Section

22

Gmailから会議を開催する

Googleのメールサービス「Gmail」から、Google Meetのビデオ会議を開催できます。トップページの「会議を新規作成」をクリックすると、Google Meetが開き、招待したいユーザーに招待状を送付することができます。

Gmailからビデオ会議を開催する

1 「Gmail」の画面で、<会議を新規作成>をクリックします。

クリックする

2 「作成した会議のリンクを共有」画面が表示されます。<招待状を送信>をクリックします。

クリックする

50

3 <メールで共有>を
クリックします。

クリックする

4 「宛先」に招待し
たい人のメールアド
レスを入力し、本
文を入力して、<送
信>をクリックする
と、招待状が送信
されます。招待相
手がビデオ会議に
参加すると、画面
に表示されます。

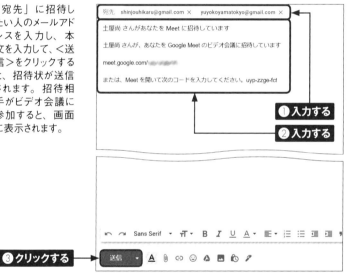

❶入力する

❷入力する

❸クリックする

Memo メールやチャットで会議コードを送る

メール本文内に会議コードのURLを入れて送りたいときや、チャットなどで会議
コードを送って招待したいときは、手順③の<会議の招待リンクをコピー>をク
リックすると、会議コードがパソコンのクリップボードにコピーされます。
Windowsの場合、キーボードの[Ctrl]+[V]（macOSの場合は[command]+[V]）
を押すことで、メールやチャットに貼り付けて送ることができます。

23

Google カレンダーから 会議を開催する

Google カレンダーからも、Google Meetのビデオ会議を開催することができます。
予定作成時に招待したいユーザーのメールアドレスを入力すると、招待メールが送
信されるので、連絡もスムーズです。

Google カレンダーからビデオ会議を開催する

(1) 「Google カレンダー」の画面で、<作成>をクリックします。

クリックする

(2) 予定を入力する画面が表示されます。ビデオ会議の名前を入力し、日時を設定します。

① 入力する → 進捗報告（Web会議）

② 設定する → 10月15日（木曜日）午後2:45 ～ 午後3:00

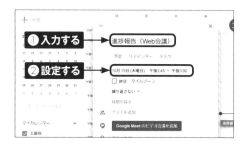

(3) 「ゲストを追加」にビデオ会議に招待したいユーザーのメールアドレスを入力し、キーボードのEnterを押します。

入力する → yuyokoyamatokyo@gmail.com

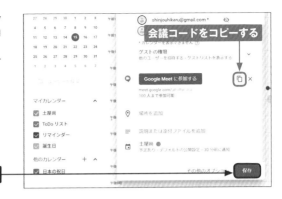

4 <保存>をクリックします。なお、🗗をクリックすると、会議コードがコピーできます。

クリックする

5 <送信>をクリックすると、手順③で入力したメールアドレスに招待メールが送信されます。

クリックする

6 Google カレンダー上の予定をクリックし、<Google Meet に参加する>をクリックすると、開催するビデオ会議の画面が表示されます。

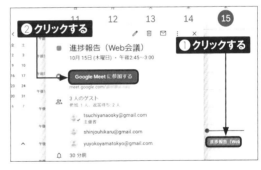

Memo Google Meetに会議予定が表示される

Google カレンダーからビデオ会議を開催、または招待されると、Google Meetのトップページの右側に、ビデオ会議の予定が表示されるようになります。ここをクリックすることでも、ビデオ会議に参加することができます。

24

Outlookから会議を開催する

Google Meetのアドインをインストールし、Googleアカウントにログインすることで、Microsoft 365のOutlookからも、ビデオ会議を開くことができます。Outlookを使い慣れているのであれば、こちらから会議を開催してもよいでしょう。

⬤ Google Meetのアドインを取得する

(1) 「Outlook」（https://outlook.live.com/）の画面で📅をクリックし、会議を開催したい日をダブルクリックします。

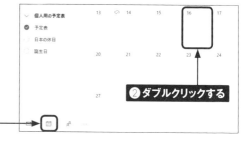

(2) …→<アドインを取得>の順にクリックします。

(3) 「Outlook用アドイン」画面が表示されます。画面右上の入力欄に「Google Meet」と入力し、<Google Meetアドイン>をクリックします。

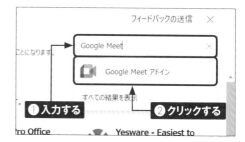

④ <追加>をクリックし、Googleアカウントのログインが求められたらログインを行います。

⬤ Outlookからビデオ会議を開催する

① P.54手順②の画面で◼→<ミーティングを追加>の順にクリックします。

② タイトルや参加者のメールアドレス、日時、コメントなどを入力し、<送信>をクリックします。

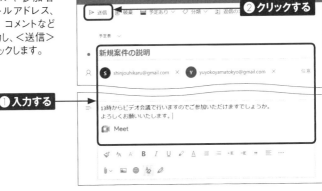

③ ビデオ会議の予定がOutlookに設定されます。会議コードを確認するには、該当する予定をクリックし、✎をクリックします。

Section

25 参加者を追加する

ビデオ会議を進めている中で、途中から参加してほしいメンバーが出たときは、招待状を送信して、会議に招待することができます。また、会議コードをメールやチャットで送信して会議に参加してもらうこともできます。

招待メールで参加者を追加する

(1) ビデオ会議中の画面で、をクリックします。

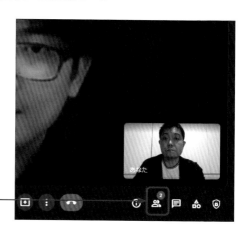

クリックする

(2) <ユーザーを追加>をクリックします。

クリックする

③ 「ユーザーを追加」画面が表示されます。<名前またはメールアドレスを入力>をクリックします。

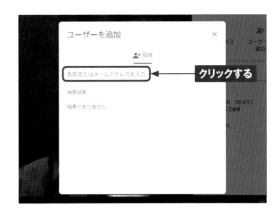

④ ビデオ会議に追加したい参加者のメールアドレスを入力し、ユーザーをクリックします。<メールを送信>をクリックします。

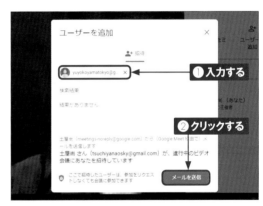

⑤ 「招待状を送信しました」と表示され、手順④で入力したメールアドレスに招待メールが送信されます。

⬛ 会議コードで参加者を追加する

① ビデオ会議中の画面で、
🛈をクリックします。

クリックする

② <参加に必要な情報を
コピー>をクリックしま
す。

ミーティングの詳細　　　　　×

参加方法

https://meet.google.com/

🔲 参加に必要な情報をコピー

ここにGoogle カレンダーの添付ファイルが表示
されます

クリックする

③ 「会議のリンクをコピー
しました」と表示され、
会議コードがコピーされ
ます。追加したい参加
者にメールやチャットなど
で送りましょう。

会議のリンクをコピーしました

26

参加者を承認する

会議コードを利用して参加するメンバーは、主催者の承諾がないとビデオ会議に参加できません。招待した参加者がビデオ会議への参加をリクエストがきたら、承認しましょう。

参加リクエストを承諾する

1 招待した参加者が参加を
リクエストすると、承認画
面が表示されます。＜承
諾＞をクリックします。

クリックする

2 リクエストを承諾された参
加者が、ビデオ会議に参
加します。

Section

27 参加者のマイクを ミュートする

ビデオ会議中、主催者は特定の参加者のマイクをオフにすることができます。一時的に離席している参加者がいるときなどに便利な機能です。なお、マイクをオンに戻すには、ミュートされた参加者側のみで行うことができます。

主催者が参加者のマイクをオフにする

① ビデオ会議中にミュートをしたい参加者の画面に、マウスポインターを乗せます。

マウスポインターを乗せる

② 参加者が2人以上の場合には、🎤が表示されるので、クリックします（1対1のビデオ会議の場合は表示されません）。

クリックする

③ ＜ミュート＞をクリックします。

新城光 さんをこの通話の参加者全員に対してミュートしますか？ミュートを解除できるのは 新城光 さんのみです。

キャンセル ミュート

クリックする

4 画面左下に「○○さんを通話の参加者全員に対してミュートしました」と表示され、その参加者のマイクがオフになります。

5 ミュートされた参加者の画面左下にはい、「○○さんがあなたをミュートし、通話の参加者全員に適用しました」と表示され、ミュートされた旨がデスクトップにも通知されます。

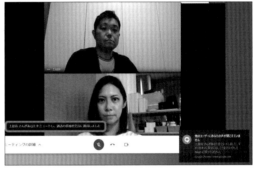

6 ミュートされた参加者が●をクリックすると、マイクがオンになりミュートが解除されます（ミュートされた参加者が操作する以外、ミュートは解除されません）。

クリックする

61

28

参加者を退出させる

ビデオ会議に間違って参加した人や迷惑行為を行う参加者がいると、ビデオ会議の進行に支障をきたすこととなります。そのような参加者を、主催者は退出させることができます。

主催者が参加者を退出させる

(1) ビデオ会議中に退出させたい参加者の画面に、マウスポインターを乗せます。

マウスポインターを乗せる

(2) 参加者が2人以上の場合には、◎が表示されるので、クリックします（1対1のビデオ会議の場合は表示されません）。

クリックする

③ <削除>をクリックします。

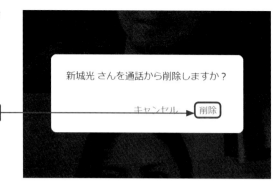

クリックする → 新城光 さんを通話から削除しますか？

キャンセル　削除

④ 画面左下に「○○さんをこのミーティングから削除しました」と表示され、その参加者が退出されます。

新城光 さんをこのミーティングから削除しました

ミーティングの詳細 ∧

⑤ 退出させられた参加者の画面には、「この会議からあなたが削除されました」と表示されます。

この会議からあなたが削除されました

ホーム画面に戻る

問題が発生するまでの音声と動画の品質はいかがでしたか？

☆　☆　☆　☆　☆
とても悪い　　　　　　　　　　　　　　とても良い

ミーティングを安全に開催できます
ユーザーがミーティングに参加するには、主催者に招待してもらうか、参加を承認してもらう必要があります

詳細

29

会議を終了する

ビデオ会議が終わったら、会議を終了しましょう。1人でも残っていると、会議は完全に終了しません。主催者は、すべての参加者が退出するのを確認してから退出するようにするなどのルールを決めておくとよいでしょう。

ビデオ会議を終了する

(1) ☎をクリックします。

クリックする

(2) ビデオ会議が終了します。

ミーティングから退出しました

再参加　ホーム画面に戻る

音声と動画の品質はいかがでしたか?

☆ ☆ ☆ ☆ ☆

とても悪い　　　　　　　　とても良い

Memo 全員が退出しないと終了しない

すべての参加者が退出しないと、会議室は完全に終了しません。退出しない人が1人でもいると、会議室はそのまま残ります。主催者はすべての参加者が退出したのを確認して、いちばん最後に退出するようにしましょう。

第 **4** 章

使いやすく設定する

Section

30 画面の表示方法を変更する

Google Meetでは、参加者が3人以上の場合は、ビデオ会議中の表示画面を「タイル表示」「スポットライト」「サイドバー」の3パターンに切り替えることができます。なお、変更した表示は自分だけに反映されます。

📷 表示レイアウトを変更する

① ビデオ会議中に⋮をクリックします。

② <レイアウトを変更>をクリックします。

③ 変更したい画面レイアウトをクリックし、×をクリックします。

66

●タイル表示

参加者の画面が同じサイ
ズで表示されます。

●スポットライト

発言をしている参加者の
画面のみが表示されます。

●サイドバー

発言をしている参加者の
画面が大きく表示され、そ
のほかの参加者はサイド
バーに表示されます。

Memo 自分の画面を表示させる

自分の画面を表示してビデオ会議を進めたい場合は、各表示レイアウトで画面
右上の自分の画面にマウスポインターを乗せ、■をクリックしてセルフビュー機
能を有効にします。

31

マイクやスピーカーの音質を変更する

パソコンに接続されているマイクやスピーカーからだと音質が悪く、話していることが参加者に伝わりづらく、聞き取りづらい……。というときは、外付けのマイクやスピーカーを利用してみましょう。

外付けマイクを利用して音質を改良する

① あらかじめパソコンにマイクを接続しておきます。

② GoogleアカウントおよびGoogle Workspaceアカウントにログイン後、「Google Meet」(https://meet.google.com/) の画面で、⚙をクリックします。

クリックする

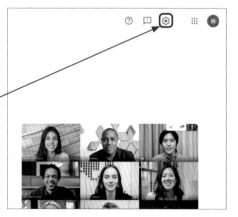

第4章 使いやすく設定する

68

③ 「設定」画面が表示されるので、<音声>をクリックします。「マイク」の▼をクリックします。

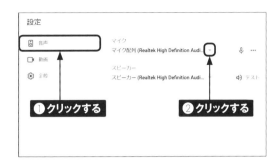

設定

🔊 音声
マイク
マイク配列 (Realtek High Definition Audi...

📷 動画
スピーカー
スピーカー (Realtek High Definition Audi...

⚙️ 全般

① クリックする
② クリックする

④ 表示されるメニューから利用できるマイクをクリックします。

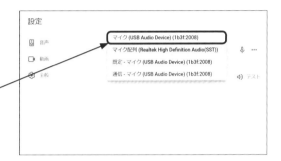

設定

マイク (USB Audio Device) (1b3f:2008)
🔊 音声
マイク配列 (Realtek High Definition Audio(SST))
📷 動画
既定 - マイク (USB Audio Device) (1b3f:2008)
⚙️ 全般
通信 - マイク (USB Audio Device) (1b3f:2008)

クリックする

⑤ ×をクリックします。

設定

🔊 音声
マイク
マイク (USB Audio Device) (1b3f:2008)

📷 動画
スピーカー
⚙️ 全般
スピーカー (Realtek High Definition Audi...
⚠️ マイク用とスピーカー用にそれぞれ異なるデバイスをご利用の場合、エコーが発生することがあります。詳細

クリックする

Memo マイクを接続したら音が出なくなった場合

外付けのマイクを接続した際に、パソコン側がスピーカーとして認識してしまい、パソコンのスピーカーから音が出ない場合があります。通知領域の🔊をクリックし、∧をクリックしてパソコンのスピーカーを選択しましょう。

クリックする
再生デバイスを選択します
スピーカー (3- USB Audio Device)
スピーカー (Realtek High Definition Audio(SST))

Section

32 スマートフォンから音声を出力する

インターネット回線が不安定なときは、スマートフォンから電話をかけてGoogle Meetの会議に参加することができます。なお、この機能はGoogle Workspaceのアカウントのみで利用可能です。

電話を通した音声で参加する

(1) ビデオ会議中に：をクリックします。

クリックする

(2) ＜電話を通して音声を使用＞をクリックします。

クリックする

(3) 「国名」が「日本」に設定されていることを確認し、表示されている電話番号にスマートフォンから電話をかけます。国内の場合は、先頭の「81」を取って、先頭に「0」を追加した番号に電話をかけてください。最後にダイヤルパッドでPINコードを入力します。最後の「#」も忘れずに入力しましょう。

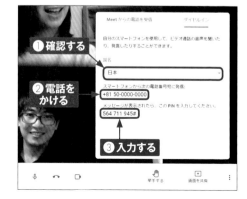

④ スマートフォンから
音声の出力ができ
る旨の表示がされ、
電話から参加がで
きます。

⑤ 終了するには、⋮
→＜スマートフォン
に接続済み＞の順
にクリックし、＜切
断＞をクリックしま
す。

❷クリックする

❶クリックする

⑥ 切断された旨の表
示がされます。マイ
クがミュートになっ
ているので、◉を
クリックしてマイクを
オンにしましょう。

クリックする

第4章 使いやすく設定する

71

Section

33

画質を変更する

インターネット回線の環境が不安定なときや、利用できるデータ量が限られているときなどは表示画面の画質を変更することで、少ないデータ量でビデオ会議を利用することができます。

表示画質を変更する

(1) ビデオ会議中に：をクリックします。

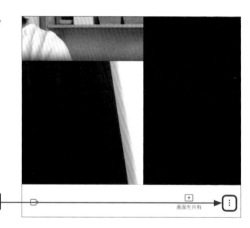

クリックする

(2) <設定>をクリックします。

クリックする

第4章 使いやすく設定する

③ 「設定」画面が表示されるので、<動画>をクリックします。変更したい画質（ここでは「受信時の解像度（最高）」の下の▼）をクリックします。

④ 設定したい画質をクリックし、×をクリックします。

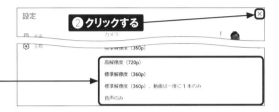

Memo 「送信時の解像度」と「受信時の解像度」

手順③の「送信時の解像度（最高）」とは、ほかの参加者に表示される画面の解像度をいい、「受信時の解像度（最高）」とは、自分の画面に表示されるほかの参加者の画面の解像度をいいます。

なお、それぞれの解像度で設定できる項目は、以下の通りです。

● 送信時の解像度（最高）

高解像度 （720p）	クアッドコア、およびそれ以上のCPUを搭載しているパソコンで利用できます。使用するデータ量は増えますが、カメラからより高画質の映像が送信できます。
標準解像度 （360p）	使用するデータ量は少なくてすみますが、画質が低下してほかの参加者に表示されます。

● 受信時の解像度（最高）

高解像度 （720p）	クアッドコア、およびそれ以上のCPUを搭載しているパソコンで利用できます。使用するデータ量は増えますが、参加者の映像を高画質で表示できます。
標準解像度 （360p）	使用するデータ量は少なくてすみますが、表示される参加者の画質は低下します。
標準解像度 （360p） ー動画は一度に1本のみ	参加者の表示画面をオフにして、使用するデータ量をさらに減らします。
音声のみ	

Section

34 通知設定を変更する

Google Meetの通知機能を利用したくない場合は、通知を無効にしましょう。非通知に変更するには、Webブラウザーの通知機能を無効にします。ここでは、Google Chrome、Microsoft Edge、Mozilla Firefoxでの変更方法を解説します。

🔲 通知を非通知にする

Google Meetでは、通知を有効にしていると（P.31手順④）、一部の機能などが適用されたときなど、デスクトップ通知がされます。
これを無効にしたい場合は、各Webブラウザーの通知設定を無効（ブロック）に設定します。

●Google Chromeの場合

① 「Google Meet」の画面で、アドレスバーの左にある🔒をクリックし、「通知」の▼をクリックして＜ブロック＞をクリックします。×をクリックします。
なお、macOSの場合は＜サイトの設定＞をクリックすると、「通知」が表示されます。

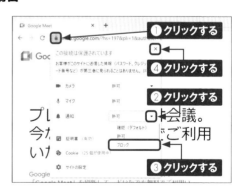

② ＜再読み込み＞をクリックします。

●Microsoft Edgeの場合

① 「Google Meet」の画面で、アドレスバーの左にある🔒をクリックし、「通知」の∨をクリックして<ブロック>をクリックします。×をクリックします。

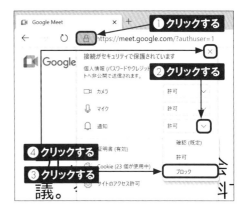

② <最新の情報に更新>をクリックします。

●Mozilla Firefoxの場合

① 「Google Meet」の画面で、アドレスバーの左にある🔒をクリックし、「通知の送信」の×をクリックします。🔒をクリックします。

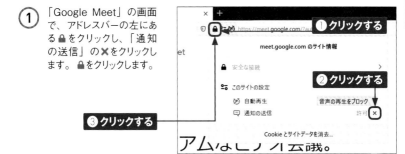

Memo MacのSafariの場合

MacのSafariの場合は「Safari」を起動し、メニューから<Safari>→<環境設定>→<Webサイト>→<通知>の順にタップします。「meet.google.com」の右にある<許可>をクリックして、<拒否>をクリックすると、通知が非通知になります。

35

アカウントを切り替える

Google Meetのアカウントを切り替えるには、トップページからアカウントのアイコン
をクリックして行います。無料のGoogleアカウントのほか、Google Workspaceの
アカウントへの切り替えもできます。

アカウントを切り替える

(1) 「Google Meet」の画面
で、右上のアカウントアイ
コンをクリックし、切り替え
たいアカウントをクリックし
ます。アカウントが表示さ
れていない場合は＜別の
アカウントを追加＞をクリッ
クします（下のMemo参
照）。

(2) アカウントが切り替わりま
す。

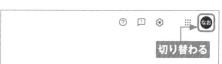

Memo アカウントが表示されない場合

手順①の画面で切り替えたいアカウントが表示されていない場合は、＜別のアカ
ウントを追加＞をクリックし、アカウント名やパスワードを入力してアカウントを追
加し、切り替えます。

第 **5** 章

便利な機能を利用する

ファイルを共有する

Google カレンダーからビデオ会議を開催する際にファイルを添付して、参加者と共有することができます。議題で必要な資料などを共有することで、招待メールにも添付され、スムーズに進行ができるようになります。

ファイルを添付して共有する

① P.52手順①～③を参考に「Google カレンダー」の画面でビデオ会議の予定を設定し、＜添付ファイル＞の文字のところをクリックします。

① 設定する

② クリックする

② 「ファイルの選択」画面が表示されるので、＜アップロード＞をクリックし、「ここにファイルをドラッグ」へ共有したいファイルをドラッグします。

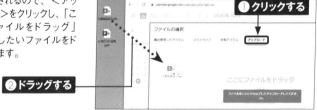

① クリックする

② ドラッグする

③ ファイルが取り込まれます。＜アップロード＞をクリックします。

取り込まれる

クリックする

④ <説明を追加>を
クリックして説明を
入力し、<保存>
→<送信>の順に
をクリックします。

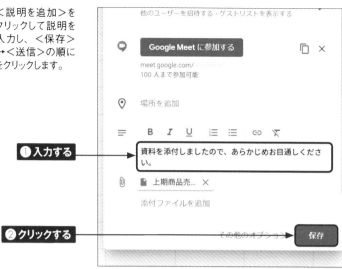

他のユーザーを招待する・ゲストリストを表示する

Google Meet に参加する

meet.google.com/
100 人まで参加可能

場所を追加

B *I* U ≔ ⩵ ⊝ 𝕏

❶入力する → 資料を添付しましたので、あらかじめお目通しください。

📎 上期商品売... ✕

添付ファイルを追加

❷クリックする → その他のオプション　保存

⑤ ファイルへのアクセ
ス許可の確認画
面が表示されます。
「○人と共有」の
右にある<表示>
をクリックして権限
を設定し、<招待>
をクリックします。

ゲストの権限

他のユーザーにファイルへのアクセスを許可する必
要があります　**❶設定する**

S shinjouhikaru@gmail.com 　Y yuyokoyamatokyo@gmail.com

⦿ 2人と共有： 表示 ▾

❷クリックする

○ リンクの共有をオンにする
リンクを知っている全員が閲覧できます

通しくだ

☐ アクセス権を付与しない　　　キャンセル　招待

⑥ 添付したファイル
は、招待メールに
添付されますが、
ビデオ会議中にも
確認ができます。
◎をクリックし、表
示されているファイ
ルをクリックすると、
ファイルが表示され
ます。

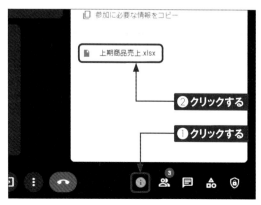

📋 参加に必要な情報をコピー

📄 上期商品売上.xlsx

❷クリックする

❶クリックする

Section

37

画面を共有する

ビデオ会議中に、自分のパソコンのデスクトップ画面を参加者と共有することができます。画面を共有をすると、同じ画面を見ながら話し合いをしたり、議題に上がった資料を相手に見せたりすることができます。

🔲 デスクトップ画面を共有する

① ビデオ会議中に＜画面を共有＞をクリックします。

② ここでは、＜あなたの全画面＞をクリックします。

③ 「画面全体の共有」画面が表示されるので、表示されているデスクトップ画面をクリックし、＜共有＞をクリックします。

画面全体の共有

Chrome が meet.google.com との画面コンテンツの共有をリクエストしています。共有する部分を選択してください。

❶ クリックする

❷ クリックする

共有　キャンセル

④ 自分のデスクトップ画面が、すべての参加者のビデオ会議画面に表示されます。

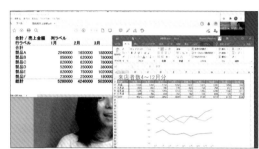

⑤ 参加者に見せたいファイルなどを開き、ビデオ会議を進めることができます。

⑥ 共有を終了するには、<画面共有を停止>をクリックします。

クリックする

Memo Webブラウザーのタブを共有する

Webブラウザーのタブを参加者と共有する場合は、手順②で<Chrome タブ>（Microsoft Edgeでは<タブ>）をクリックし、共有したいタブ→<共有>の順にクリックします。なお、Mozilla FirefoxとApple Safariではタブの共有機能は利用できません。

38 プレゼンテーションを行う

開いているウィンドウだけを共有することもできます。PowerPointファイルなどのアプリの画面を共有することで、参加者に対してプレゼンテーションが行えます。なお、Apple Safariではこの機能は利用できません。

プレゼンテーションを行う

(1) あらかじめPowerPointのファイルを開いておきます。

(2) <画面を共有>をクリックします。

クリックする

(3) <ウィンドウ>をクリックします。

クリックする
画面を共有する
□ あなたの全画面
☐ ウィンドウ
☐ Chrome タブ

④ 「アプリケーション
ウィンドウの共有」
画面が表示される
ので、開いてい
るPowerPointの
画面をクリックして、
<共有>をクリック
します。

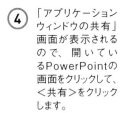

⑤ PowerPointファイ
ルの画面が共有さ
れます。

⑥ 共有を終了するに
は、<画面共有を
停止>をクリックし
ます。

クリックする

Section

39

ホワイトボードを利用する

ビデオ会議中に、オンライン上のホワイトボードを利用して進行することができます。オフィスでの会議と同じように、ホワイトボードには手書きの図やテキストなどを描くことができ、参加者全員が見たり書いたりすることができます。

第5章 便利な機能を利用する

ホワイトボードを利用する

(1) ビデオ会議中に：をクリックします。

クリックする

(2) ＜ホワイトボード＞をクリックします。

クリックする

(3) ＜新しいホワイトボードを開始＞をクリックします。

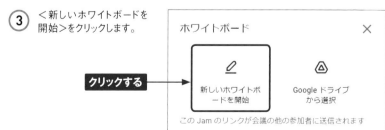

ホワイトボード　　　　　　　　　　×

クリックする → 新しいホワイトボードを開始

Google ドライブから選択

この Jam のリンクが会議の他の参加者に送信されます

④ ファイルへのアクセ
ス許可の確認画
面が表示されます。
「○人と共有」の
右にある<編集>を
クリックして権限を
設定し、<送信>
をクリックします。

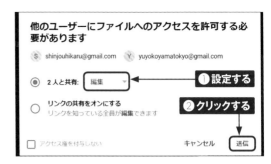

⑤ ホワイトボードが表
示され、図形を描
いたり、文字を入
力したりすることが
できます。

⑥ ほかの参加者が
閲覧するには画面
左下をクリックし、
<添付ファイル>を
クリックして表示さ
れるホワイトボード
をクリックします。

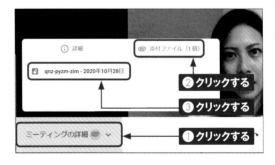

⑦ Webブラウザーに
ホワイトボードが表
示され、リアルタイ
ムに内容が更新さ
れます。

Section

40 ビデオを録画する

会議の主催者は、ビデオ会議中の様子を録画することができます。会議の内容を
あとで確認したいときなどに便利です。なお、この機能はGoogle Workspaceのア
カウント（Business Starterは除く）で利用できます。

◉ ビデオ会議を録画する

(1) ビデオ会議中に : をクリックします。

(2) <ミーティングを録画>をクリックします。

(3) 「同意の確認」画面が表示されるのでよく読み、問題なければ、<承認>をクリックします。

同意の確認

参加者全員の同意を得ることなくミーティングを録画することは、違法行為
として起訴の対象となる可能性があります。このミーティングを録画する場
合は、外部ゲストや、後から参加するゲストを含む参加者全員の同意を得る
必要があります。

拒否　　承認

クリックする

④ 録画が開始され、画面左上に録画を示す「REC」が表示されます。

表示される

⑤ 録画を終了するには、⋮をクリックします。

クリックする

⑥ <録画を停止>をクリックします。

クリックする

⑦ <録画を停止>をクリックすると、録画が停止され、Googleドライブに録画ファイルが保存されます。

このミーティングの録画を停止しますか？

この録画ファイルは 土屋尚 の Google ドライブに保存されます。

クリックする

キャンセル　録画を停止

Memo 録画は管理者の許可が必要

ビデオ会議の録画は、Google Workspaceの管理者があなたのアカウントに対し、録画機能を有効に設定することで利用できるようになります。

録画したビデオを
出力する

録画したファイルは、Google ドライブの「マイドライブ」内に作成されるフォルダー
に保存され、ダウンロードしたり、ほかの参加者と共有したりすることができます。
なお、この機能はGoogle Workspaceのアカウントで利用できます。

第5章 便利な機能を利用する

Google ドライブから録画ファイルを確認する

(1) 「Google ドライブ」を
開き、<マイドライブ>を
クリックし、作成された
<Meet Recordings>を
ダブルクリックします。

① クリックする

② ダブルクリックする

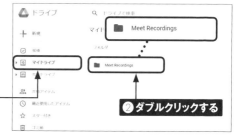

(2) 録画ファイルが保存されて
います。ファイルをダブル
クリックします。

ダブルクリックする

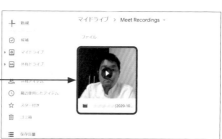

(3) 録画ファイルが再生されま
す。◀をクリックすると、
手順②の画面に戻りま
す。

クリックする

🖥 Gmailから録画ファイルを確認する

(1) Gmailアドレス宛に、録画ファイルをアップロードした旨の通知メールが送信されます。メールを開き、サムネイルをクリックします。

クリックする

(2) 録画ファイルが再生されます。◀をクリックすると、手順①の画面に戻ります。

クリックする

Memo 録画ファイルをダウンロードする

録画ファイルをダウンロードするには、再生画面に右上に表示される🡇をクリックします。ファイルはMP4形式でパソコンに保存されます。

クリックする

Section

42

背景を変更する

部屋を見せたくないときなど、背景をバーチャル背景に設定したり、ぼかしたりして
ビデオ会議に参加ができます。なお、この機能はMozilla Firefox、Apple Safari
では利用することができません。

会議前に背景を変更する

(1) ビデオ会議に参加する前
の画面で、🖼️をクリックし
ます。

クリックする

(2) バーチャル背景を設定す
るには、表示されている
任意の画像をクリックしま
す。

クリックする

3 クリックした画像が背景に設定されます。背景を弱めにぼかしたい場合は、強めにぼかしたい場合はをクリックします。

クリックする → **設定される**

4 背景ぼかしが設定されます。

設定される

背景のエフェクトを適用するとパソコンの動作が遅くなる可能性があります

Memo 好きな画像を背景に設定する

パソコン内にある自分の好きな画像を背景として利用することもできます。P.90手順②の画面で上段左から4つ目の<＋>をクリックし、「開く」画面で利用したい画像を選択して、<開く>をクリックすると、画像が一覧に追加されます。

クリックする

◎ 会議中に背景を変更する

(1) ビデオ会議中に ⋮ をクリックし、＜背景を変更＞をクリックします。

②クリックする

①クリックする

(2) P.90手順②〜 P.91手順④を参考に、背景を変更しましょう。

Memo Snap Cameraで背景を変更する

ビデオ会議用画像合成ソフト「Snap Camera」
(https://snapcamera.snapchat.com/)
をパソコンにインストールすることでも、背景を変更してビデオ会議をすることができます。
Snap Cameraで背景を設定し、そのまま起動しておくと、Google Meetで自動的に背景が適用されて利用できるようになります。

第**6**章

さらに使いこなす

Google Chromeの拡張機能を インストールする

GoogleのWebブラウザー「Google Chrome」では、拡張機能をインストールすることで、Google Meetを便利に利用することができます。ここでは、拡張機能の導入方法を解説します。

拡張機能をインストールする

(1) 「Chromeウェブストア」（https://chrome. google.com/webstore/ category/extensions/）にアクセスし、＜ストアを検索＞をクリックします。

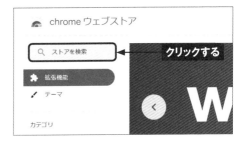

(2) 利用したい拡張機能名（ここでは「Nod - Reactions for Google Meet」）を入力し、キーボードの Enter を押します。

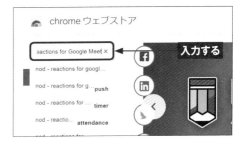

(3) 入力した拡張機能名が検索されます。利用したい拡張機能をクリックします。

④ <Chromeに追加>を
クリックします。

⑤ <拡張機能を追加>を
クリックします。

⑥ 拡張機能が追加された
旨がWebブラウザーの
右上に表示されます。
再起動をしないと利用で
きない拡張機能もある
ので、×をクリックして
Webブラウザーを閉じ、
再度起動させましょう。

Memo 拡張機能を管理する

Google Chromeの右上に表示される
★をクリックすると、インストールした拡
張機能や詳細の確認、有効／無効の切
り替え、削除などを行うことができます。

絵文字で
リアクションする

Google Chromeの拡張機能「Nod - Reactions for Google Meet」を利用して、会議中に「挙手」や「いいね」などを表す絵文字でリアクションできます。なお、この機能を利用するには全参加者がこの拡張機能を導入しておく必要があります。

ビデオ会議中に挙手する

あらかじめGoogle Chromeで「Chromeウェブストア」の拡張機能「Nod - Reactions for Google Meet」をインストールしておきます（Sec.43参照）。

(1) ビデオ会議中の画面で、画面左上に絵文字が表示されます。　をクリックします。

クリックする

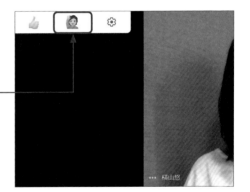

(2) ほかの参加者の画面左下に、挙手していることを示す絵文字が表示されます。表示は数秒後に自然に消えます。

表示される

◎ ビデオ会議中に「いいね」を示す

1 ビデオ会議中の画面で、画面左上に絵文字が表示されます。👍にマウスポインターを乗せます。

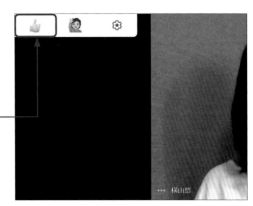

マウスポインターを乗せる

2 👍をクリックします。

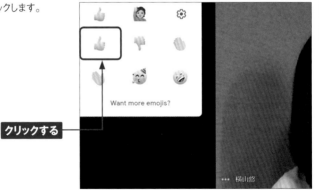

Want more emojis?

クリックする

3 ほかの参加者の画面左下に、「いいね」をしていることを示す絵文字が表示されます。表示は数秒後に自然に消えます。

表示される

ミーティングの詳細 ∧

Section

45

出欠の確認をする

Google Chromeの拡張機能「Meet Attendance」を利用して、ビデオ会議へ参加したメンバーの確認ができます。なお、この機能を利用するには全参加者がこの拡張機能を導入しておく必要があります。

● ビデオ会議の出欠を確認する

あらかじめGoogle Chromeで「Chromeウェブストア」の拡張機能「Meet Attendance」をインストールしておきます（Sec.43参照）。

(1) 拡張機能をダウンロードし、有効にすると、会議を主催／参加するときにアカウントの選択画面が表示されるので、自分のアカウントをクリックします。

クリックする

(2) アカウントへのアクセスリクエストの画面が表示されます。＜許可＞をクリックします。

クリックする

3 ビデオ会議中の画面で、👥をクリックします。

クリックする

4 ☑をクリックします。

ミーティングの詳細　✕

👥 ユーザー (3)　-04:3　☑　💬 チャット

SUBSCRIBE

土屋尚 さ

クリックする

悠　横山悠　∨

光　新城光　∨

5 ビデオ会議に参加した履歴が記録されたGoogleスプレッドシートが表示されます。

Meet Attendance 10/29/2020　☆ 🗁 ☁

ファイル 編集 表示 挿入 表示形式 データ ツール アドオン ヘルプ

↶ ↷ 🖶 ₱　100% ▾　¥　%　.0 .00 123▾　デフォルト... ▾　10　▾

Participants

	A	B	C	D	E
1	Participants	Joined	Left	Duration	
2	土屋尚	10/29/2020 3:47	10/29/2020 3:51		
3	新城光	10/29/2020 3:47	10/29/2020 3:51		
4	横山悠	10/29/2020 3:48	10/29/2020 3:51		
5					
6					
7					
8					
9					
10					
11					
12					
13					

Section

46

便利な多機能を利用する

Google Chromeの拡張機能「Google Meet Enhancement Suite」は、ショートカットキーですばやく退室したり、開始時に自動でマイクやカメラをオフにしておいたりと、導入しておくと便利なさまざまな機能を利用することができます。

Google Meet Enhancement Suiteを設定する

あらかじめGoogle Chromeで「Chromeウェブストア」の拡張機能「Google Meet Enhancement Suite」をインストールしておきます（Sec.43参照）。

(1) Google Chromeブラウザの★をクリックし、＜Google Meet Enhancement Suite＞をクリックします。

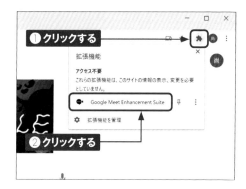

(2) 次ページのMemoを参考にして、利用したい機能のチェックボックスをクリックし、最後に●をクリックします。

● ショートカットキーですばやく退出する

(1) 会議中にキーボードの
[Shift]+[K]を押します。

(2) 会議室から退室します。

Memo 利用できる機能

「Google Meet Enhancement Suite」では、下記の機能が利用できます。

Push to talk：一度マウスでマイクのオンオフを切り替えると、その後、
[Space]を押すことでオンオフの切り替えが可能となります。
Auto join：参加画面をスキップして、会議をはじめることができます。
Quick leave：[Shift]+[K]を押すと、会議室から退出できます。
Leave Confirmation：会議終了時、確認を表示します。
Auto captions：開始時に字幕（英語のみ）の表示をオンにします。
Auto mute：開始時にミュートにします。
Auto video off：開始時にカメラをオフします。
Pin Bottom Bar：コントロールバーを画面下部に固定表示します。
Hide Names：参加者名を非表示にできます。
Set Background Color：Google Meetの背景色を自由に変更できます。

47

ミュートを解除する

Google Chromeの拡張機能「Google Meet Push To Talk」を利用すると、キーボードの Space を押すことで、ミュートのオン／オフを切り替えることができます。発言するときだけマイクをオンにするときなどに便利です。

● Space を押してミュートを解除する

あらかじめGoogle Chromeで「Chromeウェブストア」の拡張機能「Google Meet Push To Talk」をインストールしておきます（Sec.43参照）。

1 ビデオ会議中に一度マウスでマイクのオンオフを切り替え、キーボードの Space を押します。

2 ミュートになります。もう一度 Space を押すと、ミュートが解除されます。

第 **7** 章

スマートフォンや
タブレットで利用する

Android版、iPhone版について

Google Meetは、同じアカウントでパソコンだけでなくiPhone ／ iPadのiOSデバイスや、Androidスマートフォン／タブレットなどのモバイルデバイスのアプリでも利用することができます。

Android版で利用する

Android 5.0以降のスマートフォン／タブレットであれば、Android版［Google Meet］アプリが無料でPlay ストアからダウンロードできます。アップデートは、Play ストアから行います。また、Android 6.0以上であれば、［Gmail］アプリからもGoogle Meetを利用することができます。

Android版でも、ビデオ会議のほか、チャットや画面共有など、ブラウザ版やデスクトップ版アプリと同様の基本機能が利用できます。

なお、下の画面は3人以上でビデオ会議をしているときの画面です。1対1の場合は、メイン画面と左上の画面に自分と相手が表示されます。また、参加者の人数に関わらず、画面をタップすると、大きく表示されます。

●Androidスマートフォン

Android版［Google Meet］アプリでは、画面右下の⋮をタップすると、6項目のメニューが表示されます。ここからチャット（P.119参照）や画面の共有（P.116参照）などが行えます。

⊙ iOS版で利用する

iOS 12.0以降のiPhone／iPadでは、iOS版［Google Meet］アプリをインストールすることで、Google Meetを利用することができます。このアプリはApple IDがあれば無料でApp Storeからダウンロードできます。アップデートは、App Storeから行います。iOS版でも、チャットによるメッセージの送受信をはじめ、ビデオ通話や音声通話、画面共有など、ブラウザ版やデスクトップ版アプリと同様の基本機能が利用できます。
なお、下の画面は3人以上でビデオ会議をしているときの画面です。1対1の場合は、メイン画面と左上の画面に自分と相手が表示されます。また、参加者の人数に関わらず、画面をタップすると、大きく表示されます。

●iPhone

iOS版［Google Meet］アプリでは、画面右下の **⋮** をタップすると、7項目のメニューが表示されます。Android版同様ここからチャット（P.119参照）や画面の共有（P.116参照）などが行えるほか、ユーザーの追加も行えます。

（P.119参照）（P.116参照）

第7章
スマートフォンやタブレットで利用する

Memo タブレットやiPadも画面や操作は同じ

Android版、iOS版はそれぞれスマートフォンだけでなく、タブレットやiPadでも利用できます。画面の構成や操作方法はスマートフォンアプリと同じです（右の写真はiPad版）。

Section

49 アプリを インストールする

Google Meetをスマートフォンで利用するには、Android版はPlay ストア、iPhone版はApp Storeからアプリをインストールする必要があります。ここでは、XperiaとiPhoneの画面で解説しています。

Android版をインストールする

(1) ホーム画面またはアプリケーション画面から、<Play ストア>をタップして起動します。

(2) Play ストアが起動したら、画面上部の検索欄をタップします。

(3) 「google meet」と入力して、キーボードの🔍をタップします。

(4) 検索結果が表示されます。アプリがインストールされていない場合は、<インストール>をタップします。

iPhone版をインストールする

1 ホーム画面から、<App Store>をタップして起動します。

タップする

2 App Storeが起動したら、画面下部の<検索>をタップし、画面上部の検索欄をタップします。

❷ タップする

❶ タップする

3 「google meet」と入力して、キーボードの<検索>または<search>をタップします。

❶ 入力する

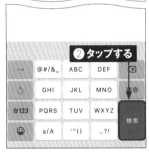

❷ タップする

4 検索結果が表示されたら、<入手>をタップし、画面の指示に従ってインストールします。

タップする

Section

50 ログインする

スマートフォンにGoogle Meetのアプリをインストールしたら、早速利用してみましょう。ここでは、まだGoogleアカウントでログインしていない場合の手順を解説します。

Google Meetにログインする

1 ホーム画面で＜Meet＞をタップし、＜続行＞をタップします。

2 カメラのアクセス許可画面が表示されたら、＜許可＞（iPhoneの場合は＜OK＞）をタップします。

3 マイクのアクセス許可画面が表示されたら、＜許可＞（iPhoneの場合は＜OK＞）をタップし、＜続行＞（iPhoneの場合は＜続行＞→＜OK＞）をタップします。

4 ログイン画面が表示されるのでメールアドレスを入力し、＜次へ＞をタップします。

5 パスワードを入力し、＜次へ＞をタップします。iPhoneの場合はこれでログイン完了です。

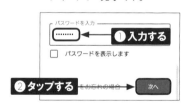

6 ＜同意する＞→＜もっと見る＞→＜同意する＞の順にタップします。

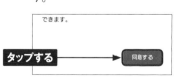

Section

51

URLをタップして会議に参加する

メールやチャットなどでGoogle Meetの会議への参加を求められたら、会議コードと呼ばれるURLをタップしてスマートフォンから会議に参加してみましょう。

会議コードをタップして参加する

(1) メールやチャットなどで主催者から送られた会議コード（URL）または<ミーティングに参加>をタップします。

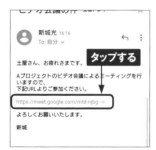

(2) <Meet>をタップし、<1回のみ>をタップします（iPhoneの場合はこの手順はないので、手順③に進みます）。

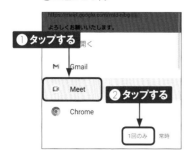

(3) <参加をリクエスト>（iPhoneの場合は<参加>）をタップします。

(4) 主催者が参加のリクエストを承諾するまでしばらく待ちます。

参加のリクエスト中
mtd-njbg-●

(5) ビデオ会議の画面が表示され、会議に参加ができます。

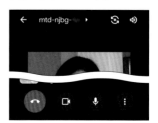

第7章

スマートフォンやタブレットで利用する

Section

52 Gmailから会議に
参加する

スマートフォンの［Gmail］アプリから、Google Meetのビデオ会議に参加できます。
トップページから会議コードを入力するとGoogle Meetが開き、主催者へ参加をリク
エストすることができます。iPhoneはあらかじめアプリをインストールしておきます。

◉ ［Gmail］アプリから参加する

(1) ［Gmail］アプリを起動し、＜ビ
デオ会議＞（iPhoneの場合は
＜Meet＞）をタップします。初
回起動時は「アプリで開く」画
面が表示されるので、P.109手
順②を参考に進めてください。

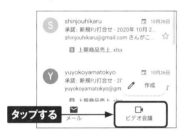

(2) ［Google Meet］アプリが起動し
ます。＜コードを使用して参加＞
または＜会議に参加＞（iPhone
の場合は＜コードで参加＞）をタッ
プします。

(3) 「コードで参加」画面が表示
されます。メールやチャットなど
で主催者から送られた会議コー
ド（「https://meet.google.
com/」の部分を削除した文字
列でも可能）を入力し、＜参加＞
をタップします。

(4) ＜参加をリクエスト＞（iPhoneの
場合は＜参加＞）をタップします。

(5) 主催者が参加のリクエストを承諾
するまでしばらく待ちます。承諾さ
れると、ビデオ会議の画面が表
示され、ビデオ会議に参加できま
す。

53

Google カレンダーから会議に参加する

主催者がGoogle カレンダーからGoogle Meetのビデオ会議を開いたら、参加者は[Google カレンダー] アプリから会議に参加することができます。iPhoneはあらかじめアプリをインストールしておきます。

[Google カレンダー] アプリから参加する

1 [Google カレンダー] アプリを起動し、Google Meetのビデオ会議の予定をタップします。

2 <Google Meetで参加>(iPhoneの場合は<Google Meetに参加する>) をタップします。

3 <参加をリクエスト>(iPhoneの場合は<参加>) をタップし、主催者がリクエストを承諾すると、ビデオ会議の画面が表示され、会議に参加ができます。

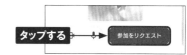

Memo [カレンダー]アプリに会議の予定を追加する

iPhoneの [カレンダー] アプリに会議の予定を追加したい場合は、招待メールに添付されている<invite.ics>ファイル→<カレンダーに追加>の順にタップし、追加するカレンダーをタップして選択して、<完了>→<完了>の順にタップします。なお、追加された予定の「メモ」欄に記載されている招待コードのURLをタップすると、Google Meetのビデオ会議に参加ができます。

Section

54

[Google Meet] アプリから会議に参加する

会議コードが送られたら、[Google Meet] アプリからビデオ会議に参加しましょう。[Gmail] アプリと同じように、会議コードを入力して会議に参加します。主催者が参加リクエストを承諾すると、会議に参加することができます。

[Google Meet] アプリから参加する

(1) [Google Meet] アプリを起動し、<コードを使用して参加>または<会議に参加>(iPhoneの場合は<会議に参加>)をタップします。

(2) 「コードで参加」 画面が表示されます。メールやチャットなどで主催者から送られた会議コード(「https://meet.google.com/」の部分を削除した文字列でも可能)を入力し、<参加>をタップします。

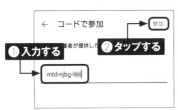

(3) <参加をリクエスト>(iPhoneの場合は<参加>)をタップします。

(4) 主催者が参加のリクエストを承諾するまでしばらく待ちます。承諾されると、ビデオ会議の画面が表示され、ビデオ会議に参加できます。

55

基本画面を確認する

スマートフォンの［Google Meet］アプリのビデオ会議中の画面構成を確認しましょう。パソコン版と同様、複雑な機能はなく、画面もシンプルな構成となっています。

● ビデオ会議中の画面構成

名称	機能
❶情報	会議の参加者や会議コードが確認できます。
❷カメラ切り替え	側面側カメラと前面側カメラを切り替えます。
❸音声出力の切り替え	「スピーカー」「電話」「音声オフ」（iPhoneの場合は「iPhone」「スピーカー」）から選択できます。
❹話者	話者が表示されます。また、タップした画面がここに表示されます。
❺自分	自分の画面が表示されます。
❻参加者	ほかの参加者が表示されます。
❼退出／カメラ／マイク	タップすると会議終了、カメラとマイクのオン／オフの切り替えの操作を行えます。
❽設定	チャットや画面の共有が行えます。

第7章 スマートフォンやタブレットで利用する

Memo iPhone版との違い

iPhone版の［Google Meet］アプリも、各ボタンの位置など、画面構成はAndroid版の［Google Meet］アプリと同じです。

マイクとスピーカーを
オン／オフにする

スマートフォンからのビデオ会議中に、マイクのオン／オフを切り替えることができます。周りがうるさいときや大人数での会議などに、話をするときだけマイクをオンにすると、耳障りな音が会議に流れなくなります。

ビデオ会議中にマイクをオフにする

1 ビデオ会議中に、🎤をタップします。

2 アイコンが🎤に変わり、マイクがオフになります。🎤をタップすると、マイクがオンに戻ります。

Memo 音声の出力先を変更する

ビデオ会議画面の右上にある🔊をタップすると、ビデオ会議の音声をレシーバー部分（受話口）に変更したり、音声をオフにしたりすることができます。

Memo 会議前にマイクをオフにする

ビデオ会議に参加する前のP.109手順③の画面で🎤をタップすると、マイクをオフにした状態で会議に参加することができます。

カメラを
オン／オフにする

スマートフォンからのビデオ会議中に、カメラのオン／オフを切り替えることができます。どうしても顔を出せないときなどは、カメラをオフにして参加するとよいでしょう。入室前にカメラをオフにして参加することもできます。

ビデオ会議中にカメラをオフにする

1 ビデオ会議中に、■をタップします。

2 アイコンが◎に変わり、カメラがオフになります。◎をタップすると、カメラがオンに戻ります。

Memo カメラを変更する

ビデオ会議画面の右上にある◎（iPhoneの場合は◎）をタップすると、カメラを背面側カメラに切り替えることができます。

Memo 会議前にカメラをオフにする

ビデオ会議に参加する前のP.109手順③の画面で◻をタップすると、カメラをオフにした状態で会議に参加することができます。

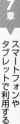

Section

58

画面を共有する

ビデオ会議中に、自分のスマートフォンの画面を参加者と共有することができます。
画面を共有をすると、同じ画面を見ながら話し合いをしたり、議題に上がった資料
を相手に見せたりすることができ、便利です。

● スマートフォンの画面を共有する

(1) ビデオ会議中に ⋮ をタップします。

(2) <画面を共有>をタップします。

(3) <共有を開始>をタップします。
iPhoneの場合は<ブロードキャス
トを開始>をタップし、手順⑤に
進みます。

(4) <今すぐ開始>をタップします
（iPhoneの場合はこの画面は
表示されません）。

5 自分のスマートフォンの画面が、
すべての参加者のビデオ会議画
面に表示されます。

6 参加者に見せたいファイルなどを
開き、ビデオ会議を進めることが
できます。

	A	B	C
1	上期商品売上		
2			
3		渋谷	新宿
4	マグカップ	120	110
5	グラス	60	100
6	コースター	120	200
7	ノート	100	220
8	クリップ	40	120
9	ボールペンA	400	60
10	ボールペンB	320	80
11	スマホケース	50	120
12	スマホフィルム	60	110
13	合計	1,270	1,120
14			
15			
16			
17			
18			
19			
20			
21			
22			
23			
24			

シート1 ▼

7 ［Google Meet］アプリに戻る
には、画面上部を下方向にス
ライドし、表示される通知パネ
ル（iPhoneの場合は通知セン
ター）にあるMeetの通知をタップ
します。

8 共有を終了するには、＜共有を
停止＞をタップします。

9 ビデオ会議の画面に戻ります。カ
メラはオフになっているので、🔲
をタップしてオンに戻します。

117

Section

59 共有ファイルを確認する

主催者がファイルを共有して開催した場合、ビデオ会議画面から確認することができます。ファイルはそのファイルのアプリで開かれるので、確認後は [Google Meet] アプリへ戻りましょう。

● 添付ファイルを確認する

1 ビデオ会議の画面で、上部をタップします。

2 <情報>をタップします。

3 「添付ファイル」の下に、ファイルが表示されます。確認するには、ファイル名をタップします。

4 ファイルが開き、内容が確認できます。ビデオ会議画面に戻るには、P.117手順⑦を参考にしましょう。

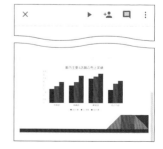

Section

60 チャットでやり取りする

ビデオ会議中に、スマートフォンからもチャット機能を利用して参加者とメッセージの
やり取りをすることができます。メッセージは会議の全参加者が見ることができます。
なお、会議が終了すると、メッセージのログは消去されます。

● ビデオ会議中にチャットをする

1 ビデオ会議中の画面で右下の ⋮
をタップし、<通話中のメッセー
ジ>をタップします。

2 「通話中のメッセージ」画面が表
示されます。<メッセージを送信>
をタップします。

3 メッセージを入力し、▷をタップす
ると、メッセージが送信されます。

Memo チャット操作中の カメラ表示

手順②、③の操作をしていると
きは、ほかの参加者側にはカメ
ラがオフの状態で表示されます。

61

会議から退出する

参加中のビデオ会議から退出するのは、画面下の退出アイコンをタップします。タップすると確認画面は表示されず、すぐに退出となるので注意しましょう。

◎ ビデオ会議から退出する

① 画面下の⌒をタップします。

② ビデオ会議から退出します。

第 **8** 章

疑問・困った解決Q&A

62

会議を円滑に進めるには？

ビデオ会議は、離れたところにいる相手とも話し合いをすることができるので便利です。ここでは、会議を円滑に進めるために、事前に準備をしたり、Google Meetの機能を活用したりするコツを紹介します。

◎ 会議を円滑に進めるコツ

● 会議の日程をGoogle カレンダーで管理する

会議の日程が決まったら、Google カレンダーで開催するようにルールを決めておきましょう。カレンダーでビデオ会議のスケジュール管理をすることができ、参加者や会議資料などを確認しておくこともできます。

● 資料の用意をする

事前にGoogleカレンダーで共有された資料があるときは、ファイルをダウンロードして印刷しておくと、話し合いにスムーズに参加できます。

● 画面共有やホワイトボードを使って説明をする

画面共有（Sec.37参照）を使うと、ファイル形式に依存することなく相互に資料を確認することが可能です。自分のパソコン上の操作を示したり、アプリやPowerPointを見せたりすることで視覚的にわかりやすい説明ができます。また、ホワイトボード（Sec.39参照）を利用しながらの進行も意思の共有がしやすく、また簡易議事録としても利用できるのでおすすめです。

● 発言するとき以外は、マイクをオフ（ミュート）にする

参加者の誰かが発言している間は、自分のマイクをオフ（ミュート）にしておきます（Sec.16参照）。余計な音が入ったり、音割れしたりするのを防ぎます。

63 ハウリングを防ぐには?

ビデオ会議中に「キーン」という不快な音がどこかから入っている……。この音は、ハウリングにより発生している音です。ハウリングは、マイクとスピーカーの位置関係などにより発生します。

ハウリングが起こる理由とその対策

ハウリングは、マイクがスピーカーから出た音を拾ってしまい、その音をスピーカーから出すことで発生します。「キーン」という不快な音が出てしまうため、ビデオ会議に支障をきたしてしまう場合もあります。以下の対策を行うことで、ハウリングを防ぐことができます。

●参加者が近くで利用していたら離れる

ほかの参加者が隣り合わせなど近い場所でビデオ会議に参加していると、ハウリングが起こりやすくなります。これはハウリングの原因となる「マイクがスピーカーの音を拾う」ことが行われてしまうからです。やむを得ず同じ場所での参加となってしまった場合は、距離を取り、離れた場所でビデオ会議に参加すると、ハウリングが起きにくくなります。

●マイクとスピーカーの位置を調整する

マイクとスピーカーの距離が近いとハウリングは発生しやすくなります。外付けのマイクやスピーカーの場合は、それぞれの距離を離してみるなど、位置の調整を行うとハウリングが起きにくくなります。

●ヘッドセットやイヤフォンを利用する

ヘッドセットやイヤフォンを利用すると、スピーカーの音をマイクが拾わなくなるため、ハウリングが起きにくくなります。iPhone（2020年発売のiPhone 12シリーズを除く）を購入した際に付属されているイヤフォンはマイク機能も付いており、ビデオ会議の利用に最適です。

64

外部アプリと
連携するには？

Google Meetは、Chromeウェブストアに拡張機能は豊富にありますが、連携できる外部アプリはほとんどありません。タスク自動化サービスの「Zapier」を利用することで、さまざまな外部アプリとの連携ができるようになります。

Zapierでできること

タスク自動化サービス「Zapier」（https://zapier.com/）を利用すると、SlackやMicrosoft Teams、Trelloなどさまざまなテレワークで利用するアプリなどとの連携や自動化がスムーズに行えます。

使い方はかんたんで、はじめにZapierのアカウントを作成し、Google Meetで利用しているGoogleアカウントと利用したい外部アプリのアカウントをそれぞれ認証して、「Triggers」と「Actions」を設定すると、連携されます。

なお、2020年12月現在、日本語に対応はしていません。

●Zapierでの連携例

・Slackで新しいチャンネルが作成されると、新規ビデオ会議をスケジュールする
・Googleドライブに自動保存されたビデオ会議の録画ファイルをSlackに通知する
・Microsoft Teamsで新しいチャンネルが作成されると、新規ビデオ会議をスケジュールする
・Trelloでカードをリストに移動すると、新規ビデオ会議をスケジュールする
・Googleスプレッドシートから新規ビデオ会議をスケジュールする
・会議コード（招待URL）をGoogleフォームの回答者に送信する

<div class="sidebar">第8章 疑問・困った解決Q&A</div>

「zapier | Google Meet Integrations」
https://zapier.com/apps/google-meet/integrations

Section

65 プランを変更するには？

Google Meetは無料のGoogleアカウントがあれば利用できますが、有料の
Google Workspaceアカウントがあると、さらに便利な機能を利用することができま
す（Sec.03参照）。ここでは、有料プランへの変更方法を解説します。

Google Workspaceに登録する

(1) 「Google Workspace」
（https://workspace.
google.com/) のトップ
ページにアクセスし、
<使ってみる>をクリックし
ます。

G Suite がさらに便利に - Google Workspace のご紹介

必要なツールがすべて揃っていま
す。

クリックする

(2) 「使ってみましょう」画面
が表示されるので、必要
情報を設定・入力し、<次
へ>をクリックします。あと
は画面の指示に従い進め
てください。

❶設定・入力する

❷クリックする

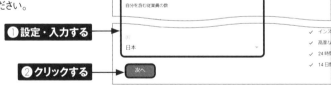

使ってみましょう

Meet

リンクアップ

自分を含む従業員の数

日本

次へ

(3) アカウントの作成が完了
すると、「Google Work
spaceアカウントを作成し
ました」と表示されます。

Google Workspace アカウントを
作成しました

管理コンソールにアクセスして、ユーザーや管理者の追加、セキュリ
ティの設定などを行えるようになりました。

管理コンソールに進む

125

索引